Cymbidium goeringii

Toona sinensis

Yulania denudata

Camellia sinensis

Phyllostachys edulis

spring

中国植物
很高兴认识你

春天，
很高兴认识你！

米莱童书 著/绘

Rhododendron simsii

Morus alba

Lonicera japonica

Paeonia suffruticosa

Taraxacum mongolicum

北京理工大学出版社
BEIJING INSTITUTE OF TECHNOLOGY PRESS

让你的童年，与植物为友

　　小朋友，你有没有这样的好奇：放学回家路上的那棵树叫什么名字？石缝里的苔藓也是植物吗，为什么和其他植物长得不一样？为什么有的植物叶片宽宽大大的，有的细细小小的呢？为什么冬天有的树会掉光叶子，它们光秃秃的不怕冷吗？粮食、蔬菜和水果是怎么从田野中长出来的？除此之外，你是不是还想到过这样的问题：为什么语文课本的诗词里面有很多植物的名字？我们的餐桌上，没有植物会怎样？春天爸爸炒的香椿为什么那么美味，为什么不能一年四季吃到它？妈妈在窗台上种的一盆盆小"多肉"会开花吗？

　　当你问到这些问题时，欢迎你，进入神奇的植物世界！植物是我们人类亲密的朋友，可以说我们的一生都离不开它。植物是宇宙中不可思议的神奇创造，千百年来，人们与草木和谐共生。老杏树下，孔子设坛传道授业；林荫道边，亚里士多德与学生边散步边探讨学问；菩提树下，释迦牟尼静坐七天七夜，顿悟成佛；达尔文在与大自然的亲密接触中萌发了科学兴趣，最终走向科学之路。古今中外，很多思想者、文学家、艺术家、发明家、科学家都是从植物中获得灵感，发挥了巨大的想象力而创造出了不起的作品。人们愿意与植物为友，因为植物让人宁静，启发人的灵性。

　　打开这本书，你将走进一场心灵治愈之旅，感受植物的美好。跟随春、夏、秋、冬四季的脚步，认识40种具有鲜明特色的中国植物。这些植物在我国都有漫长的生长历史，都有自己独特的故事。你的家乡无论是在内蒙古草原还是青藏高原，无论是在西北大漠还是江南水乡，你都能从书里找到自己家乡的植物。从高耸入云的参天大树，到低矮呆萌的多肉植物，从"三千年不倒"的沙漠"勇士"，到"穿越"亿万年的孑遗"元老"，你都能从书里找到最喜欢的植物。

　　你会发现，植物既美丽又浪漫，既智慧又坚强。所以爸爸妈妈会把你们带到大自然中去，陶冶情操，接受大自然艺术的熏陶。植物虽然不会说话，但它们有着惊人的生存策略、强大的繁衍力量，植物比人类更早诞生在地球上，亿万年来，它们进化出坚强的基因，延续着古老的血脉。它们在大自然生态系统中占有重要地位，植物的生存智慧绝妙而神奇，给人们带来了探索不尽的启示。

　　你会发现，植物除了告诉我们生命的密码，还赋予我们文化的意义。小小的植物，竟能够改变历史，影响世界文明。从丝绸之路到大唐盛世，从二十四节气到《诗经》《楚辞》，植物与我们中国人有着深厚的文化渊源。

　　当你看完这本书，就有了新的眼光去看待这个世界——你看到的不再只是花红柳绿的风景，而能看穿花朵吸引传粉的"心机"；你将学会欣赏叶子变化多端的颜色与形状，探索植物保护自己的"法宝"；母亲节来临时你会送妈妈一束萱草，因为你知道它是中国人的母亲花；你还会区分那些"同名异物""同物异名"的植物，甚至帮大人解答一些常识性问题……我相信你一定会特别有成就感。偷偷告诉你，如果你尝试亲手栽种一盆花草，亲自浇灌它，观察生命一步步绽放，你将收获超出想象的惊喜！

　　如果你问我，为什么要认识植物？我想说，从植物身上能感受到大自然蓬勃向上的精神。这种精神就如同一粒种子，在你的内心发芽，长出一个饱满而丰盈的世界。植物，是大自然送给你们的幸福一生的礼物。

　　四季轮回，万物更迭。植物承载着春的希望，挥洒着夏的率性，饱含着秋的殷实，酝酿着冬的含蓄。植物的四季变化会激发出我们无限的想象力。孩子，当你看完这本书，去寻找书里的植物吧，多留意下身旁的花草树木。如果有可能，当假期来临的时候，抛开手机、电脑这些科技"怪物"一会儿，穿着舒适的衣服和鞋子，在爸爸妈妈的陪伴下，选择一个风和日丽的好天气，去森林和田野吧，躺在青草地上，尽情呼吸植物美妙的气息，聆听鸟儿快乐的啼鸣，感受大自然的和谐，你会发现这比虚幻的网络世界更有价值。

　　从今天起，试着关注身边的植物吧。尝试与植物做朋友，慢下来，驻足、观察、凝视它们。当你懂得了植物的魅力，学会去欣赏它、守护它，你就学会了尊重和爱，这种可贵的素养将沉淀为生命的底色。

　　从今天起，热爱植物，拥抱大自然，感恩生命，敬畏世间万物。

　　走，向大自然出发！

北京大学终身讲席教授

中国植物学会理事

苏都莫日根

自然寻踪

名副其实的生长冠军

毛竹

无杜鹃，不成园

杜鹃

了不起的进化

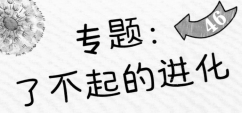

东方的美丽神话　春兰
6

春天的一道美食　香椿
10

这片叶子不简单　茶
18

圣洁的精灵　玉兰
14

丝绸之路的见证者　桑
30

成双成对的芬芳　忍冬
34

美丽而自强的野花　蒲公英
42

国色天香的百花之王　牡丹
38

小森叔叔：

您好！

我是一名小学生，我叫安安，我听老师说您是一位植物探险家，去过很多很多地方，拍了好多好多植物的照片，那您一定认识兰花吧，爸爸说这很贵，可它一点儿也不漂亮，花也小小的，我觉得爸爸一定是搞错了。

我还问了好朋友乐乐，他家有一个花园，种了好多花，他也不知道兰花贵不贵，因为他也不认识兰花。

所以，我们给您写了这封信。

希望能收到您的回信！

还有，乐乐要问问您的工作酷不酷。

搞不懂兰花的安安和乐乐

1.20 元

春兰

东方的美丽神话

安安、乐乐，你们好！

很高兴收到你们的来信！

我的工作不酷，需要耐心和细心，可是很有趣，能走进大自然，去探索神奇的植物世界，观察它们的变化。我觉得生命的诞生对于地球是个奇迹，每一种植物都隐藏着生命的密码，认识植物，也是从另一个角度认识我们自己。

好巧，我的窗台上就摆放着一盆兰花，我拍了照片，随信寄给你们。

爸爸说得没错，有些稀有品种的兰花是很贵的，这是因为它们太少，可价格并不是衡量植物价值的唯一标准。在中国传统文化中，通常所说的"兰花"就是指以春兰为代表的国兰。它跟一般的植物不同，有丰富的文化内涵。

你们看，它的叶子素净、飘逸，此刻，它正开出芳香的小花。它看起来是那么不起眼，却被古代的君子喜欢，因为它生长在幽静的森林和空谷，独自开放，独自凋零，它不会因为没人欣赏就不绽放自己的光彩，所以，兰花也被古人称为"花中君子"。大书法家王羲之，除了爱鹅，也爱兰，他从兰花中获得灵感，把兰花的神韵融入在了行书和草书中。

所以兰花是一种不凡的花。

希望我的回答能让你们满意。

热爱植物的小森

小森的植物笔记

春兰的花朵结构

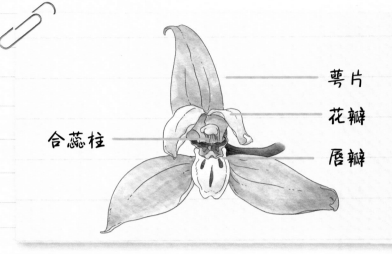

- 萼片
- 花瓣
- 唇瓣

合蕊柱

春兰属于兰科。兰科是个大家族，就像人有很多兄弟姐妹一样，地球上的兰花有2万多种，兰科家族成员可以说遍布世界各地。

和春兰一样，兰花家族的花朵都有着相似的奇特外表，最奇特的地方是唇瓣的形态变化。例如杓（sháo）兰，它的其中一片花瓣是大大的囊袋，上头有小开口，散发出香气，吸引传粉的蜂类，这种花型有助于它传粉。

长得虽然不一样，它们都属于兰花家族

●专栏作者 小森

兰科中还有很多兰花种类，它们和春兰虽然长得不一样、生长环境不一样，但是都属于兰花家族。

其中一种叫香荚兰，生长在热带雨林中，是攀援的藤本。它具有很高的经济价值，被人们用来制成香水、香皂，还有小朋友们爱吃的香草冰淇淋。

还有一种大名鼎鼎的兰花叫石斛兰。野生石斛兰常常附着在树干或石头上，它的茎是肉质的，像中指那么粗，叶子像竹叶，花朵有非常高的观赏价值。

香荚兰

●石斛兰

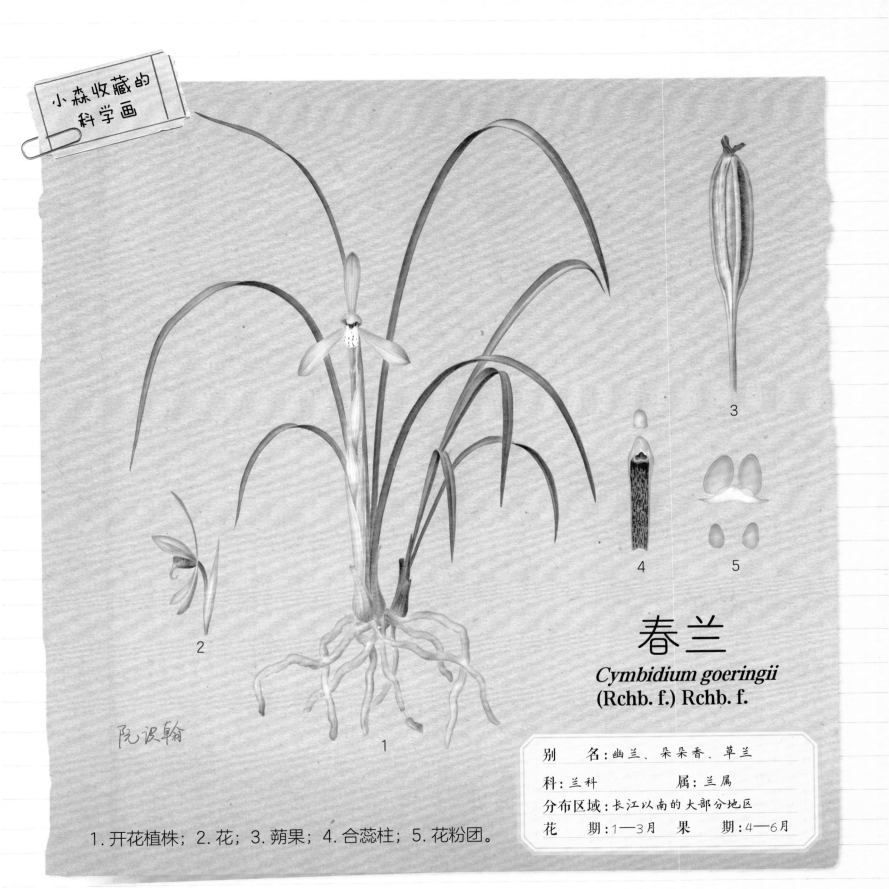

阮设翰

春兰
Cymbidium goeringii
(Rchb. f.) Rchb. f.

别　　名：幽兰、朵朵香、草兰

科：兰科　　　　属：兰属

分布区域：长江以南的大部分地区

花　　期：1—3月　果　　期：4—6月

1. 开花植株；2. 花；3. 蒴果；4. 合蕊柱；5. 花粉团。

香椿

1.20元

春天的一道美食

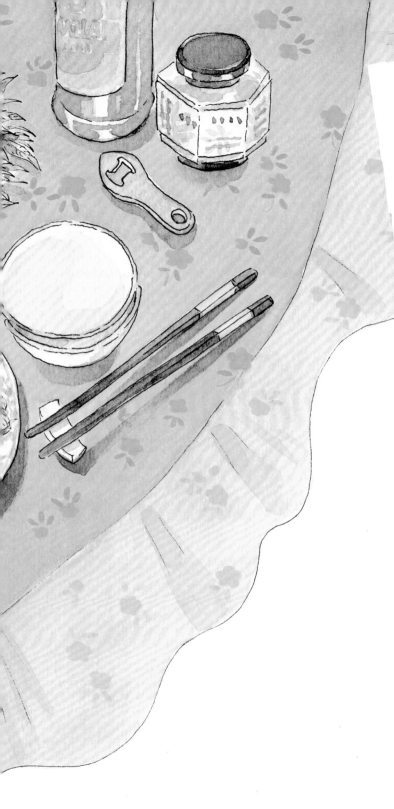

小森叔叔：

您好！

今天我在院里玩，见李伯伯家门口那棵高高大大的树长出了好多紫红嫩绿的新芽来，李伯伯乐呵呵地把它们采摘了下来，还说可以炒菜吃。真奇怪，树叶也能炒着吃吗？李伯伯还笑话我不懂植物，说这棵是香椿树，这嫩芽是香椿芽，是春天特别好吃的时令菜。

小森叔叔，真的是这样吗？

期待您的回信！

安安

安安：

你好，很开心又收到你的来信。

香椿幼芽有浓烈的香气，味道也鲜香可口，所以，我国早在汉代就开始吃香椿幼芽。可一旦谷雨之后，嫩芽逐渐木质化，鲜味不再，所以"吃椿"的习俗只在谷雨之前。也是因为食椿的时间有限，香椿芽才更加珍贵。

在吃香椿这件事上，人们也发挥着各自的想象力，创造出多种多样的吃法：香椿炒鸡蛋，香椿拌豆腐，炸香椿鱼，油泼香椿莜面……香椿和其他菜肴的各种组合，拼出了专属春日的柔和色彩，仿佛暖阳一般照亮了餐桌。原本不喜欢的怪味，现在却闻起来有种春日特有的生命力，令人全然沉浸在春天的味道里。

好了，这就是我的回答，你也不妨尝尝这一春天的美味！

你的大朋友小森

小森的植物笔记

香椿的味道，有人爱，也有人恨

有人说"食无定味，适口者珍"，香椿的味道有些人特别喜欢，有些人就唯恐避之不及。可为什么偏偏对香椿的爱恨这样极端呢？香椿的特殊味道可以说是混合了石竹烯、丁香烯等气味儿成分，所以会发出一种柑橘、樟脑和丁香的混合香气。

除了特殊的香味儿，香椿还有种特殊的鲜味儿，这是谷氨酸在起作用，所以，不用加味精就已经是极鲜的存在了。就因为这样，有人能吃出花朵味道也就不足为奇了。

香椿的果实

香椿的果实长得很有趣，成熟时是开裂的，叫蒴（shuò）果。蒴果是干果的一种类型，通常有开裂。

有香椿，还有臭椿呢！

● 专栏作者 小森

香椿和臭椿不仅长得像，连名字都是相似的，大家就会想当然地认为它俩应该是兄弟俩，其实它俩是没有亲缘关系的，它们分属不同的科，香椿是楝科，香椿属；臭椿是苦木科，臭椿属。其实它们也很好区分，因为气味很不相同，香椿含有挥发性芳香族有机物，闻起来是沁人心脾的浓香味，而臭椿是一种像臭虫和青草混合的怪异的臭味。

香椿

臭椿

L·R.

1   2   3   5   4

香椿
Toona sinensis
(A. Juss.) Roem.

1.花枝；2.老叶枝条；3.果枝；4.新叶；
5.花截面。

别　　　名:香椿芽、香桩头、大红椿树、春苗	
科:楝科	属：香椿属
分布区域:全国各地均有生长	
花　　　期:6—8月　　果　　　期:10—12月	

嗨，小森叔叔：

您好！

我是乐乐，安安正在读您的回信，她可高兴坏了，还不给我看呢！我就不会写信吗？

小森叔叔，今天给您讲讲我家的花园吧，里边种了好多花：月季、丁香，还有好多，我现在还叫不上名字，可我最喜欢的是花园里的那株玉兰树。花开的时候，它们就像一朵朵白色小酒杯挂在树上，可好看了！真希望您也能看见。

可是我突然发现了一个奇怪的现象，花园里的其他花，不管是红的、黄的、粉的，还是五颜六色的，都有叶子，可是玉兰花为什么就没有叶子呢？它不觉得孤单吗？

小森叔叔，您是不是也觉得很奇怪？

我的第一封信写完了，期待您的回信。

喜欢玉兰的乐乐

1.20元

玉兰

圣洁的精灵

14

乐乐：

　　你好！

　　很高兴收到你的来信，我现在就回答你的问题。

　　古代人经历了漫长的寒冬，特别盼望春天的到来，所以把早春二月开的玉兰花，又叫作望春花。

　　玉兰也长叶子的，只是会晚一些，它先开花后长叶，其实是由植物对于温度的要求决定的，与叶芽相比，玉兰花的花芽对于温度的要求更低，所以在春天气温稍有回升的时候，花芽感受到春天的温暖，便在春风的抚慰下迎风盛开了。而叶芽要在天气变得更加温暖时才会长出叶片。所以，玉兰总是先开花后长叶。

　　和它一样先开花后长叶子的植物，还有腊梅、迎春、木棉等。你看，玉兰花并不孤单，只是它的小伙伴会晚来一些。

　　玉兰花素净淡雅，也赢得了上海市民的青睐，1986年玉兰花成了上海市的市花，象征着一种开路先锋、奋发向上的精神。

　　另外，告诉你一个小秘密，每朵玉兰花不多不少都有9片花瓣，不信，你仔细数数看！

　　好了，欢迎你再给我写信！

　　　　　　　　　　　　　　　　你的大朋友小森

小森的植物笔记

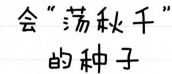

会"荡秋千"的种子

玉兰果实成熟以后，果皮裂开，包裹在里面的种子就会露出来。这时，乌儿会来觅食，顺便帮助玉兰传播种子。

玉兰的种子可聪明了，为了吸引乌儿的注意，它们可不会让自己掉落到地上，而是会用一根长长的丝将自己和果蒂牢牢地连在一起，等着乌儿来吃。乌儿吃了种子，拉便便的时候会把种子排出来，也就间接地帮助玉兰传播种子了。如果有风吹过来，吊着丝线的种子就会晃晃悠悠地荡起秋千。

玉兰全身都是宝

玉兰是插花的优良材料。玉兰的花瓣中含有芳香油，是提取香精的原料，另外，花瓣可食用，香甜可口。种子可榨油，木材可供雕刻用。

千姿百态的玉兰果实

夏秋季节，玉兰的枝叶间会挂着一大束一大束粉色的果实，果实会长成奇特的形状，有时会像小动物，有的像小狗，有的像小鸡……多么神奇的大自然！

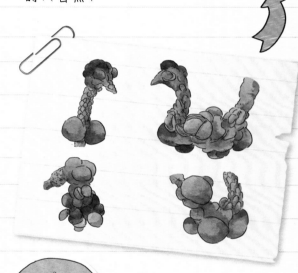

"十月怀胎"的玉兰花苞

秋天的玉兰树上，除了果实之外，还能看到一些毛茸茸的像毛笔头一样的花苞，这些花苞可不是在秋天绽放的，它们会静静地待在枝头，一直到第二年春天来临。所以，每年春天，看到的玉兰花苞已经经历了"十月怀胎"，才孕育出了美丽的花朵。

3

1

2

5

Wuhuiying

4

玉兰

Yulania denudata
(Desr.) D. L. Fu

别　　名：白玉兰、望春、应春花、玉堂春
科：木兰科　　　　属：玉兰属
分布区域：全国各大城市园林广泛栽培
花　　期：2—3月　果　　期：8—9月

1.种子；2.果实；3.聚合果；4.叶片；5.开花枝条。

小森叔叔：

展信快乐！

今天我搬去杭州的好朋友晓月寄来了生日礼物，是一朵好漂亮的花，花瓣白白的，长着黄色的花蕊，叶子绿油油的。乐乐说这是一朵茶树花，那叶子就是茶叶了。他还说这小小的茶叶还挑起了风起云涌的战争，我觉得乐乐在逗我玩，一片叶子怎么会引发战争呢？

小森叔叔，您能告诉我正确答案吗？期待您的回复。

对茶叶充满问号的安安

1.20元

茶

这片叶子不简单

安安：

　　你好呀，很开心收到你的来信和照片，真是一朵漂亮的茶树花！

　　乐乐说对了，茶确实引发过战争。这得从很久以前说起，在古代中国，人们就发现了茶能做成饮品。西汉武帝时，出使印度的使者把茶、瓷器、锦帛一起带出了国门，后来茶叶又传到了英国，成为被贵族享用的高级饮品。英国允许东印度公司在北美殖民地低关税倾销积存的茶叶，禁止殖民地贩卖"私茶"，操纵当地茶叶价格，影响了本地茶商的利益，从而在 1773 年 12 月 16 日，引发了著名的"波士顿倾茶事件"，一群反抗者化装成印第安人，把整船茶叶扔进大海，间接促发了美国独立战争。

　　所以说，一片小小的茶叶，改写了历史，也并不过分。

　　当然，茶的流通也促进了文明与交流，比如茶马古道，小小的马队，跋山涉水穿越文明，在历史上写就了辉煌。

　　希望我的回答能够帮助到你，也欢迎你再写信给我！

　　　你的大朋友小森

小森的植物笔记

关于茶叶的小秘密

人工栽培

茶树分为野生和人工栽培两种，过去的茶树是在自然野生状态下生长的高大乔木，能长到30米，树龄数百到上千年，那种叶片肥肥的古树普洱茶就是这样的种类。

现在我们喝茶大部分都是人工栽培的，为了茶树长得好要经常修修剪剪，所以茶树很少有超过2米高的。茶树的叶片是偏椭圆的，边缘有锯齿，所以摸来有点扎手。

野生

茶圣和他的书

古代有个人叫陆羽，因为喜欢喝茶，又爱研究茶，还专门写了一本跟茶有关的书——《茶经》，被后人尊为茶圣。《茶经》是世界上第一部茶叶专著。

（摘自《米莱植物文化报》）

特约撰稿◎米莱自然科学小组

喝茶为什么不困呢？

有人喝茶是为了解乏，大量喝茶后，熬夜看书都不会困。茶里有咖啡因，能提神醒脑；有茶多酚，能帮人类抵抗一些有害细菌；还有芳香物质和茶氨酸，能给人类带来愉快的口感。所以，喝茶会使人神清气爽，越来越有精气神。可茶也不能多喝，喝多了会影响睡眠。

虽然都叫茶，可却不一样

我们平时喝红茶、绿茶、黄茶、白茶等，它们是用茶树叶子经过不同的加工方法制成的，而普洱茶则是另一种植物，生长在中国云南地区。酥油茶不是植物，是藏族的特色饮料，是用酥油和茶叶煮制出来的茶。

酥油茶　绿茶　普洱茶

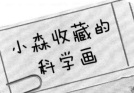

茶

Camellia sinensis
(L.) O. Ktze.

1. 花枝及果枝；2. 雄蕊柱；3. 果实；
4. 种皮；5. 种子。

别　　名：茶树、茶叶、元茶	
科：山茶科	属：山茶属
分布区域：野生种遍见于长江以南各省的山区，现广泛栽培	
花　　期：10月至翌年2月	果　　期：6—9月

竹子制成的乐器

笙 箫 葫芦丝

小森叔叔：

展信好！

我在姑姑家给您写信。这里真有趣，漫山遍野都是竹林，姑姑今天还给我做了好吃的竹笋。下午风正好，我又跑出去放风筝。姑姑说这风筝的骨架也是竹子做的。我竟没有发现，原来竹子在我们身边还有这些用处。

小森叔叔，您了解竹子吗，能不能讲给我听呢？

期待您的回复。

对竹子充满好奇的乐乐

竹栅栏

竹楼

竹桥

竹筏

1.20元 毛竹

名副其实的生长冠军

风筝的竹骨架

挖笋

嗨，乐乐：

　　你好，真羡慕你此刻在竹林深处，其实竹子离我们的生活很近很近。

　　比如，在纸张发明之前，古代的字都是写在竹简上的，人们用线把一片片写了字的竹板穿在一起就成了一卷一卷的竹书。我们熟悉的毛笔，笔管就是用竹子做成的。

　　在穿方面，秦汉时期就出现了用竹制的布、还取竹制冠，用竹做防雨用的竹鞋、竹斗笠、竹伞，一直沿用至今。

　　而在住方面，在远古时代，人类从巢居和穴居向地面居演进的过程中，竹子发挥了重要的作用。例如宋代的黄冈竹楼，就是取竹建造且负有盛名。

　　在交通方面，古代人取竹制造竹车、竹筏和船以及桥梁，可以说竹对世界交通工具和设施的发展，做出了较大的贡献。

　　在音乐方面，竹是古代"八音"之一，笙、箫、笛、葫芦丝等民族乐器都是用竹子制成的。所以竹子对中国音律的起源和音乐的发展都产生了重要影响，我国古代也把音乐称为"丝竹之声"。

　　而且，中国人自古以来就很喜欢竹子，赞赏竹在寒冬时节仍保持顽强生命力的品质，把它与松、梅合称为"岁寒三友"。

　　其实我觉得想要对竹子有所了解，就是走近它。你正好有这个机会，不妨仔细观察它吧。

　　期待你的再次来信！

你的大朋友小森

小森的植物笔记

竹子是空心的

这是竹子的特性，虽然它很高，可竹子是禾本科植物，并不是树木，禾本科的竹子则在茎上有明显的节和节间。从植物进化上看，竹子的茎最初也是实心的，后来在进化过程中，其茎中心的髓逐渐萎缩消失就成了空心。

这种空心结构不但可以更好地支撑竹子的身体，增强韧性，防止竹子被暴风雨等灾害损毁，还可以使竹子迅速生长。

3米

竹子堪称植物界"生长冠军"

如果要在植物界举办一场生长速度的比赛，获胜的一定是竹。毛竹是世界上生长最快的植物之一。竹究竟能长多快呢？刚冒出土的竹笋，24小时能长近2米。

春雨过后，竹林里的竹笋总是生长得特别快，不出几天，就能长成高高的竹子。所以，我们常用"雨后春笋"这个词来形容事物的发展迅速。

竹子真的一生开一次花吗？

特约撰稿◎米莱自然科学小组

有人说很难见到竹子开花，这也是由植物的特性决定的。对于开花植物来说，它的生命周期从种子开始，经萌发、生根、生长、开花、结实，最后产生种子，便完成了一个生命周期。

生命周期大致分为三类：一年生植物是在一年或不到一年的时间里，完成了一个生命周期，植株随之死亡；二年生植物是在两年或跨两个年头的时间里，完成一个生命周期；还有一种多年生植物则要经过几年生长以后，才开始开花结实，但植株却能存活多年。

竹子是多年生植物，只开花结实一次，完成繁衍后代的使命后，植株就走到生命的尽头。

3

4

2

5

1

糕灯七六

毛竹

Phyllostachys edulis
(Carr.) J. Houz.

科：禾本科	属：刚竹属
分布区域：长江流域以南地区	
花　　期：5—8月	
果　　期：3—4月	

1. 枝干；2. 竹节；3. 花；4. 种子；5. 笋。

嗨，小森叔叔：

　　展信好！

　　最近我读了一本关于植物猎人的书，超级好看。有一个叫弗兰克·金登·沃德的英国人，先后8次来到中国，采集了100余种杜鹃。还有一个叫威尔逊的，10年时间，为英国引种了上千种中国植物，其中杜鹃就有100多个品种。

　　小森叔叔，您了解植物猎人这个职业吗？还有他们为什么都喜欢采集杜鹃呢？

　　我想您一定知道原因，期待您的回复。

爱读书的乐乐

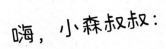

1.20元

杜鹃

无杜鹃，不成园

26

嗨，乐乐：

你好，很高兴收到你的来信。

植物猎人是一群探险家，他们以采集珍贵的植物为己任，因为在 20 世纪初，随着西方科学文明的迅速发展，贵族们转而追寻精神文明上的享受，具有观赏价值的奇花异草成了他们争相追捧的对象，他们不惜花大价钱购买各种珍奇稀有的植物，于是大量的"植物猎人"就应运而生了。他们前赴后继，进入了东方，来到了神秘的中国，找寻着那些在西方世界不曾有的美丽而神奇的古老植物，而杜鹃就此进入了他们的视野。

杜鹃花在中国司空见惯，我想在你家的小花园里，一定也会有盆栽杜鹃花，你也可能见过映山红这种长在野外的杜鹃花。可你却不一定知道，在 100 多年前的西方人眼中，杜鹃花却是一个稀罕物种。全世界已知的 900 多种杜鹃花品种，有一半以上都在中国，这种适合生长在酸性土壤环境的颜色艳丽的花朵，自然而然吸引了他们的目光，所以这些探险家跋山涉水，一次次将这种古老东方植物带回国，这也在客观上促进了人类对稀有植物的研究和培育，造就了今天千娇百媚的园林景观。

所以，如果我们在电视上看到欧洲花园里盛开的杜鹃花，那很可能就是中国杜鹃花的后代呢。

期待你的再次来信！

你的大朋友小森

27

小森的植物笔记

大放异彩的杜鹃花

我国是世界上杜鹃花资源的宝库，喜马拉雅山脉和中国西部山区是最适宜杜鹃花生长的地方。我国的杜鹃花种类丰富、数量众多，没有任何一个国家能匹敌。人们喜欢杜鹃花深绿色的蜡质叶子和美丽的花朵，将它们种植在花园里、街道旁，装扮着我们的生活。每年杜鹃花盛开的季节，有的地方甚至会出现连绵十余公里的花海奇观。

花朵艳丽的高山植物

在云南西部的崇山峻岭之间，野生的杜鹃花吐露着灿烂的芬芳，形成连绵的花海奇观。在如此恶劣的自然条件下，开出这么灿烂的花来，其实这是高山花卉的一种自然选择。

越是海拔高的地方，越有强烈的紫外线，高山植物的花朵为了保护自己，细胞内会产生大量的类胡萝卜素和花青素，就能够吸收大部分的紫外线。

类胡萝卜素和花青素能使花瓣呈现红色、橙色、蓝色、紫色等。这些颜色同时出现在花朵里，在阳光的照射下，就会显得十分鲜艳。

有毒的"杜鹃花"

杜鹃花科有一种花叫羊踯（zhí）躅（zhú），花的形状很像杜鹃，花的颜色为黄色，羊误食之后，会立即死亡。尽管羊踯躅有毒，但它的花、茎、皮等可以用来杀虫、灭菌，而且经过化学手段处理之后，可以提炼出香精。

L.R.

2

3

杜鹃
Rhododendron simsii Planch.

1. 花枝；2. 果实；3. 花。

别　　名：山石榴、照山红、映山红
科：杜鹃花科　　属：杜鹃花属
分布区域：长江以南的大部分地区
花　　期：4—5月　果　　期：6—8月

丝绸之路的见证者

1.20元

桑

小森叔叔：

展信快乐！

今天可有趣了，老师带我们去参观了养蚕的地方，在那里我见到了好多蚕宝宝。它们躺在一种绿色的树叶上，吃得可香了。老师说，那种树叶是桑叶，是蚕最爱吃的食物。古人养蚕是为了获取蚕丝，蚕丝能织成好看的丝绸，而著名的丝绸之路让中国丝绸和中华文明风靡全球呢。

原来一片小小的树叶这么了不起，小森叔叔，我想知道桑树和丝绸之路的历史，您能告诉我吗？

盼望能收到您的回信！

安安

农历正月十五元宵节，又称为"上元节"，是中国的传统节日。这是一年中第一个月圆之夜，也是桑树抽芽之际。中国各地欢度元宵节的方式也各不相同，吃元宵、赏花灯、猜灯谜等几项重要的民间习俗，被人们世代延续下来。中国古代的元宵节，自魏晋时开始，就有迎紫姑、祀门户、逐鼠等风俗，而这些风俗的产生均与蚕桑农事相关。因为古时丝绸昂贵，蚕丝收成的好坏直接关系着人们的经济状况。

安安：

你好，每次收到你的来信，我都很开心。

古时候，人们就已经开始种桑养蚕了，他们还喜欢在房前屋后种植桑树和梓树，慢慢地，两种植物的合称——"桑梓"就成了故乡的代称。

桑树确实很了不起，它为丝绸之路的开辟做出了很大贡献。丝绸之路就是那条由张骞打通的、连接了中国与地中海各国，向西方输入了丝绸而得名的著名商贸之路。在古代的欧洲，丝绸是与黄金相提并论的，几位著名的帝王如亚历山大、恺撒等在大的战役后都是以珠宝、丝绸和奴隶来计算自己的战果，所以在那时，丝绸是十分珍贵的。如果没有桑树，蚕就没有可口的食物，如果没有蚕，人们就不会发现蚕丝，更没办法用蚕丝织成漂亮的丝绸，丝绸之路也就无从谈起了。

桑树作为一棵小小的树木，对人类的生活确实产生了很大的影响！

希望我的回答能帮到你！

你的大朋友小森

小森的植物笔记

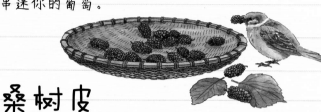

桑葚

每年春天，桑葚就穿着一袭绛色红裙登场了。每一颗桑葚都由很多的小核果组成，看起来就像一串迷你的葡萄。

桑树皮

桑树全身都是宝，除了树叶和果实，它的树皮也有很大的用处。桑树的树皮纤维柔细，不仅可以用来造纸，还可以作为纺织原料呢！

结茧

吐丝

蚕蛹

桑树有点"狡猾"！

特约撰稿◎米莱自然科学小组

桑树的叶子里含有很多蛋白质和丰富的营养，为了保护自己的叶子，桑树进化出了一种防御机制：桑树的叶子会分泌一种乳汁，乳汁中有一种叫作蛋白酶的物质，会让昆虫消化不良，这样桑树就可以保护自己了。

如果乳汁没有达到桑树预期的效果，桑树可就要放大招了：它会向周围扩散出一种独特的诱人气味，这种气味会吸引来马蜂或者喜欢吃野蚕的鸟类，桑树会借助它们的力量把野蚕消灭。没想到，桑树还有这么"狡猾"的一面呢！

桑叶

桑树叶子可是一种非常了不起的树叶，含有非常丰富的蛋白质等营养物质，人们把桑叶做成桑叶菜、桑叶面、桑叶茶等好多好吃的美食。

蚕宝宝爱吃桑叶是因为桑叶能够为蚕的生长提供充足的养分，满足它们的生长和发育的需求。

更重要的是，只有桑叶能满足蚕吐丝结茧需要的十几种氨基酸，所以在漫长的生物进化过程中，桑叶渐渐地就成了蚕最喜欢的食物了。

甜甜的桑葚果酱

1. 把新鲜的桑葚仔细清洗干净，去掉绿色的果蒂。

2. 把桑葚装在碗中，加入白糖，搅拌均匀，腌制半个小时以上。

3. 桑葚腌制好了，倒入锅里，用小火慢慢熬煮。

4. 慢慢地，锅里的果酱开始变得黏稠，挤入一些柠檬汁。

5. 美味的桑葚果酱就完成了！

1

4

3

2

桑
Morus alba L.

糕灯七六

别　　名：桑树

科：桑科　　　　　属：桑属

分布区域：东北至西南各省区均有栽培

花　　期：4—5月　果　　期：5—8月

5

1.果枝；2.雄花；3.果实；4.雌花；5.芽。

1.20元

忍冬

成双成对的芬芳

嗨，小森叔叔：

您好吗？

爸爸新栽了一种花，我很喜欢，它有长长的藤蔓，茎细细的，现在已经爬满了墙壁。花朵也特别好看，初开时是洁白的，过几天后又变为金黄色，是不是很奇妙？

小森叔叔，您能猜出它是什么花吗？

乐乐

嗨，乐乐：

　　你好，你的这个问题难不倒我，我想它一定是金银花。

　　金银花刚开放时是白色的，过几天就变成黄色了，它白时如银，黄时似金，所以古人称它为金银花。还因为金银花一蒂二花，成双成对，形影不离，就像雌雄相伴的鸳鸯，所以也叫"鸳鸯藤"。

　　其实金银花还有一个名字叫"忍冬"。是因为它的老叶在秋末枯落，但是叶腋间很快就会长出新叶，整个冬天都不凋谢，忍过冬天再开花，是不是很贴切？其实这些名称都很好地体现了它的特性。

　　不知道你有没有闻过它的花香，它的花香不仅能吸引小昆虫，还对人有治愈作用，闻过后令人神清气爽，心情舒畅呢！

　　希望我的回答能让你满意。

你的大朋友小森

小森的植物笔记

金银花的花朵会变色

    这是它和蜜蜂的一种特殊语言，因为4月是很多花朵竞相开放的时节，蜜蜂和蝴蝶的工作也很繁忙，各种鲜花都会想方设法吸引它们的注意。金银花为了提高传粉效率，让蜜蜂更容易找到适合自己的花粉花蜜，就会根据花朵的"年龄"来改变颜色。这样，蜜蜂就知道哪朵花是先开的，哪朵花是后开的，如此一来，能帮植物更高效地传播花粉。

神奇的爬藤植物

    金银花它是一种像牵牛花那样缠绕生长的藤本植物，有着细细长长的茎。人们常把它种在花园里，让它沿着墙壁爬上去，长成一道美丽的"花墙"。

优雅的金银花盆景

    金银花喜欢阳光充足、湿润的环境。它的植株轻盈，秀丽清香，花叶俱佳，可以做成艺术盆景，有很高的观赏价值，赏心悦目，雅致至极。

（撰稿 实习编辑）

忍冬

Lonicera japonica Thunb.

糕灯七六

1.花枝；2.种子；3.雄蕊；4.雌蕊；
5.果枝。

别　　　名：金银花、金银藤、二色花藤、鸳鸯藤、老翁须
科：忍冬科　　　　属：忍冬属
分布区域：除西北地区的全国大部分地区
花　　期：4—6月　果　　期：10—11月

牡丹

1.20元

国色天香的百花之王

小森叔叔：

　　展信好！
　　今天我和小伙伴们玩角色扮演，我们扮起了唐朝人。我选了一件唐朝女装，这衣服可真漂亮，绣了好看的牡丹花，为了演得像，我还找来了古代的仕女图，学她们的姿态，可是小森叔叔，我发现一个奇怪的现象，她们的头顶都戴着大朵大朵盛开的牡丹花。
　　唐朝人那么喜欢牡丹花吗？为什么要戴在头上呢？
　　盼望能收到您的回信！

安安

安安：

　　你好，很开心你又来信了！

　　数千年前，牡丹就在古老中国的土地上自然生长了，距今已有3000年历史的《诗经》最早记载了它的踪迹。隋炀帝时期，牡丹就进入皇家园林，成为宫廷花卉。到了唐朝，花大色艳的牡丹因为符合唐朝人的审美情趣，深受唐人喜爱。唐人培育出了许多花大、形美、色艳、味香浓的牡丹品种，每到四月中旬，牡丹花开的时候，人们争相观赏，就像唐代诗人白居易写的那样："花开花落二十日，一城之人皆若狂。"

　　至于为什么要把牡丹花戴在头上，这是古代的一种叫作簪花的习俗，也有两三千年的历史了。每到喜庆之日，女性会头戴鲜花，走入人群，迎面就是一种生机勃勃、生动活泼的生命气息，因而很美。

　　我也很喜欢牡丹花，它不只是一种好看的花卉，透过它，可以洞察中华民族的灿烂文化。

　　希望你玩得开心！

　　　　　　　　　　　　　你的大朋友小森

小森的植物笔记

大诗人李白和牡丹的故事

唐朝时，皇宫里种了好多好看的牡丹花，紫红、浅红、雪白色，都很漂亮，每年百花开放的时候，玄宗皇帝都会带着杨贵妃在兴庆池东沉香亭前一边赏牡丹，一边看歌舞表演。这一年，玄宗皇帝听腻了旧词曲，派人邀请李白来写新词，李白前一天喝多了，酒醉还没醒，于是他醉眼迷离地看了看贵妃的花容月貌，又看了看牡丹花，大笔一挥："云想衣裳花想容……"《清平调》就这样诞生了。他将牡丹和雍容华贵的杨玉环联系在一起，从此，人们记住了这段佳话，也记住了这三首《清平调》。

（摘自《米莱植物文化报》）

清平调词三首
唐 李白

其一
云想衣裳花想容，
春风拂槛露华浓。
若非群玉山头见，
会向瑶台月下逢。

其二
一枝秾艳露凝香，
云雨巫山枉断肠。
借问汉宫谁得似，
可怜飞燕倚新妆。

其三
名花倾国两相欢，
长得君王带笑看。
解释春风无限恨，
沉香亭北倚阑干。

落入民间的富贵花

牡丹花人见人爱，甚至可以说是国民之花，经常出现在我们的身边，不管是刺绣，还是印花被面、暖壶、陶瓷、壁画上，都有牡丹花的身影，人们将美好的情感和希望寄托在它身上，它就像一个熟悉的好朋友，陪在我们身边。

牡丹和它的好姐妹——芍药

●专栏作者 小森

说起牡丹，就不得不提芍药，自古有牡丹为花王、芍药为花相的说法。千百年来，人们把牡丹和芍药并称为"花中二绝"。牡丹与芍药如同双胞胎姐妹一样，看起来很像，有一个简单的方法来区分它们！

1. 看花茎，芍药是草本，人们经常把它做成手捧花，芍药落叶后地上部分枯萎；而牡丹却是木本花茎，落叶后地上部分不枯萎。所以冬天如果你能在地面上看到植株的茎干，那么这一定是牡丹。

2. 看花期，牡丹暮春开花，芍药较晚，多在夏初开花，有春牡丹、夏芍药之说。

1

2

3

4

糕灯七六

牡丹

Paeonia suffruticosa Andr.

别　　名:白荳、木芍药	
科:芍药科	属:芍药属
分布区域:全国大部分地区均有栽培	
花　　期:5月	果　　期:6月

1.花蕊; 2.芽; 3.花苞; 4.花枝。

嗨，小森叔叔：

　　展信好！

　　我昨天做了一个神奇的梦，我梦见自己在氢气球上飘啊飘，下面是好看的乡村、田野，还有一株株蒲公英，它们撑起漂亮的小伞，也跟我一起飞啊飞。我正玩得开心，可一骨碌滚下了床，真可惜，原来是个美梦，可我怎么也忘不了那些蒲公英的身影。

　　小森叔叔，您说蒲公英真的会像梦里一样，飘到很多地方吗？

　　期待您的回复。

爱做梦的乐乐

1.20元

蒲公英

美丽而自强的野花

嗨，乐乐：

　　你好，很开心你分享了自己的梦。

　　蒲公英是生命力很顽强的植物，只要生长的条件适宜，不管是在路旁、田野，还是在山坡、高原，都能看到它们的身影。

　　你知道吗？蒲公英的英文名字来自法语，意思是狮子牙齿，因为蒲公英叶子的形状就像狮子的一嘴尖牙，是不是很形象？你一定发现了，蒲公英的叶子是从根部上面一圈长出，围着一两根花葶，花葶是空心的，折断之后就会有白色的乳汁。

　　我们平时看到的蒲公英的花实际上是个头状花序，由很多的小花组成，经过昆虫授粉，里面的种子就慢慢成熟，每一颗种子上都带有一团绒毛样的东西，很轻。风一吹，种子便随风传播到很远的地方去，就像一把把小小的降落伞。风一停，种子就会落下来，遇到条件合适的新环境就可以生根发芽，孕育新生命，长成一株新的蒲公英。所以，我相信，它就像你梦中见到的一样，能飘散到世界各地去。

　　希望我的回答能帮到你。

　　也期待你的再次来信！

　　　　　　　　　　　　　　　你的大朋友小森

小森的植物笔记

会借风"旅行"的蒲公英

  蒲公英是利用风来进行种子传播的。蒲公英花葶上亮黄色的花，其实是由无数朵小花组成的。每一朵小花凋谢了以后，都会结出细小而长的果实，每一个果实上方还长有白色冠毛，这些冠毛聚集在一起，形成一个圆滚滚、毛茸茸的小球，这样的外形可以让受风面积变大，只要风一吹，白色冠毛便会带着下方的果实，一起随风飘散到四处。蒲公英果实伸展开来的白色冠毛，看起来就像一把小白伞，不但可以增加空气浮力，也像是一个小型飞行器，载着果实成熟的种子，乘风展开旅行。冠毛能让风把种子带得更远，让蒲公英的族群分布的范围更广。

蒲公英的自卫神器

  植物虽然没法像动物那样移动，但为了不被动物吃掉，它们都有灭敌的"武器"。

  蒲公英能分泌一种白色液体，它是蒲公英的体液。这种液体带一点黏性，可以粘在小虫子身上，小虫子被吓坏了，恐怕往后都不敢来偷嘴了。

  虽然我还没有试过，但听说蚂蚁被它粘住了之后，想脱身都难。据说这种液体还是苦的，想必昆虫更加不会吃了吧；另外，当汁液往外冒的时候，病菌也没了可乘之机。

蒲公英的"双胞胎"

  春天出门踏青，你会发现一种野菜和蒲公英非常相似。长得就像"双胞胎"，很多人都会认错，这就是苦荬（mǎi）菜。

  我们放在一起比较一下，它们都开着小黄花，叶子上都有锯齿。

  但是它们的叶子形状不一样，苦荬菜花朵的颜色也比蒲公英更浅一些。不过它们掰开都会流出白色的乳汁。苦荬菜是一种鲜嫩的野菜，既美味又营养，可以清炒、凉拌，还能包饺子。

苦荬菜

蒲公英

观察蒲公英的茎

1. 把蒲公英的茎横向切开。

2. 用放大镜观察茎的横切面，会发现蒲公英的茎是空心的。

蒲公英

Taraxacum mongolicum
Hand.-Mazz.

别　　名:黄花地丁、婆婆丁、华花郎

科:菊科　　　　属:蒲公英属

分布区域:广泛生于全国中、低海拔地区

花　　期:4—9月　果　　期:5—10月

1.瘦果；2.根系；3.单朵花；4.地上植株。

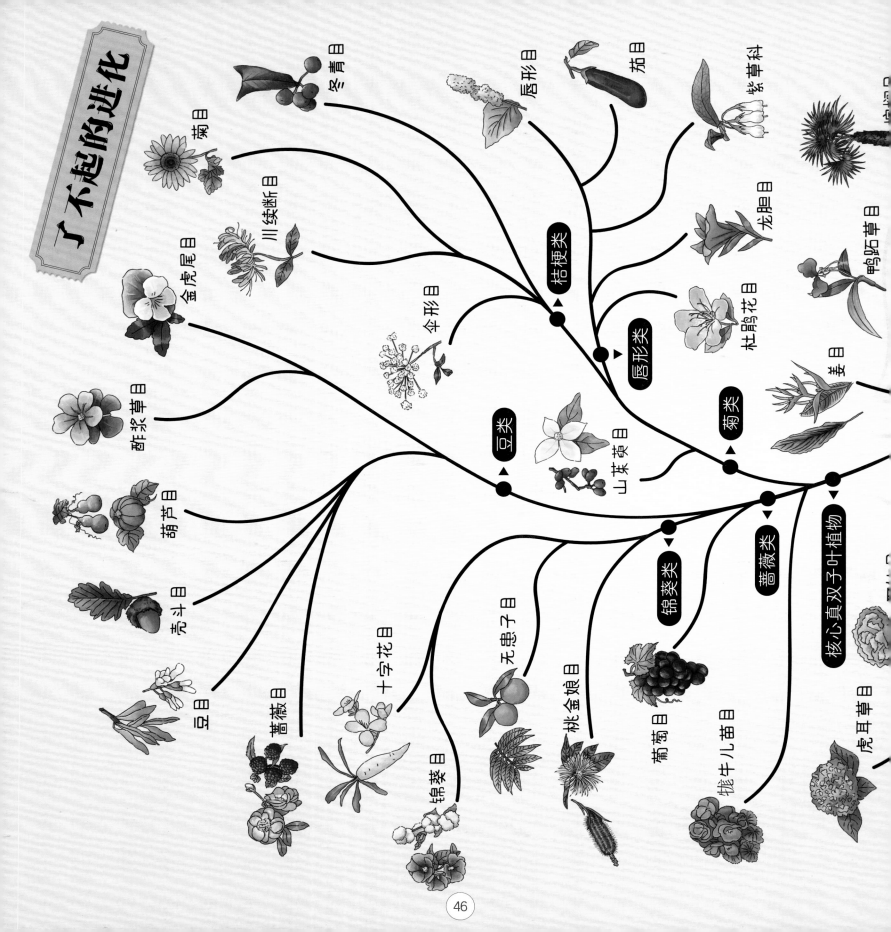

花不起的进化

冬青目
菊目
川续断目
金虎尾目
唇形目
茄目
紫草科
龙胆目
鸭跖草目
杜鹃花目
姜目
桔梗类
唇形类
菊类
伞形目
报春草目
豆类
山茱萸目
葫芦目
壳斗目
锦葵类
蔷薇类
核心真双子叶植物
十字花目
蔷薇目
无患子目
桃金娘目
葡萄目
牻牛儿苗目
虎耳草目
豆目
锦葵目

46

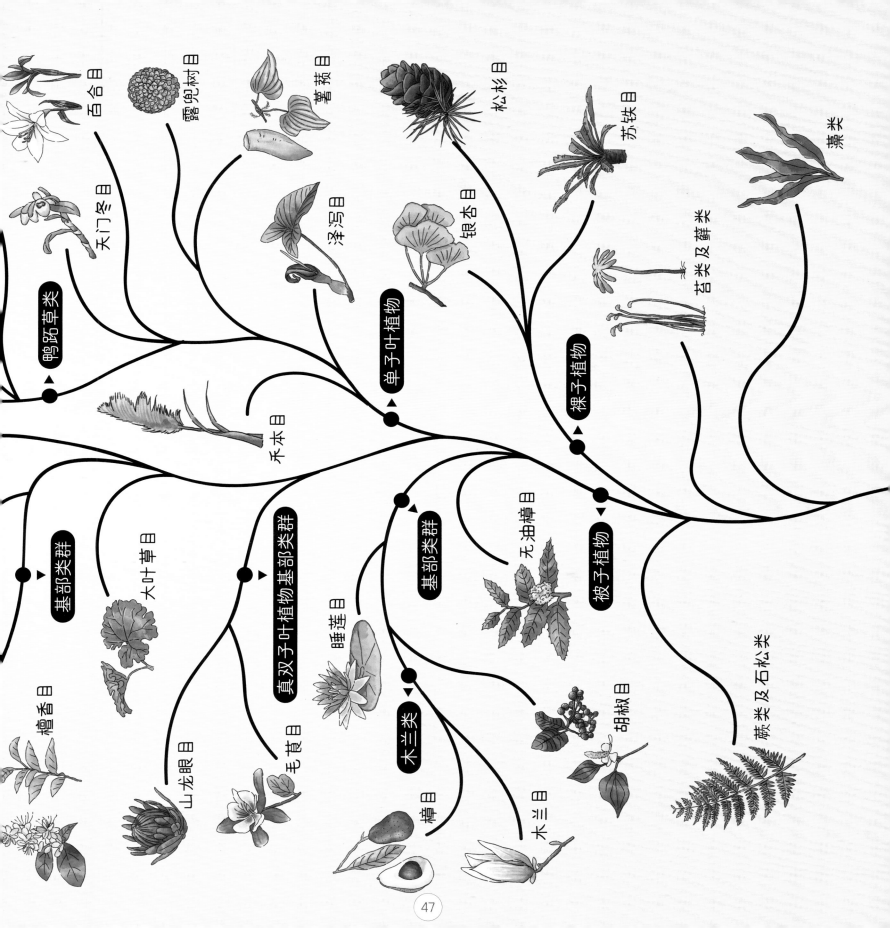

百合目

露兜树目

薯蓣目

松杉目

苏铁目

藻类

天门冬目

泽泻目

银杏目

苔类及藓类

鸭跖草类

裸子植物

单子叶植物

禾本目

基部类群

大叶草目

真双子叶植物基部类群

基部类群

无油樟目

被子植物

檀香目

山龙眼目

睡莲目

毛茛目

木兰类

胡椒目

蕨类及石松类

木兰目

樟目

图书在版编目（CIP）数据

春天，很高兴认识你！/ 米莱童书著、绘. -- 北京:北京理工大学出版社，2021.7
（2025.1重印）

（中国植物，很高兴认识你！）

ISBN 978-7-5682-9749-3

Ⅰ. ①春… Ⅱ. ①米… Ⅲ. ①植物－中国－儿童读物Ⅳ. ①Q948.52-49

中国版本图书馆CIP数据核字(2021)第068043号

出版发行 / 北京理工大学出版社有限责任公司	
社　　址 / 北京市丰台区四合庄路6号	
邮　　编 / 100070	
电　　话 /（010）82563891（童书出版中心）	
网　　址 / http://www.bitpress.com.cn	
经　　销 / 全国各地新华书店	
印　　刷 / 朗翔印刷（天津）有限公司	
开　　本 / 787毫米×1092毫米　1 / 12	
印　　张 / 4	责任编辑 / 户金爽
字　　数 / 100千字	文字编辑 / 李慧智
版　　次 / 2021年7月第1版　2025年1月第10次印刷	责任校对 / 刘亚男
定　　价 / 50.00元	责任印制 / 王美丽